不可思议的发明

神奇纸袋

[加] 莫妮卡·库林 / 著　[英] 大卫·帕金斯 / 绘　简严 / 译

图书在版编目（CIP）数据

不可思议的发明．神奇纸袋 / (加) 莫妮卡·库林著；(英) 大卫·帕金斯绘；简严译．
— 北京：东方出版社，2024.8
书名原文：Great Ideas
ISBN 978-7-5207-3664-0

Ⅰ．①不… Ⅱ．①莫… ②大… ③简… Ⅲ．①创造发明—儿童读物 Ⅳ．① N19-49

中国国家版本馆 CIP 数据核字 (2023) 第 213163 号

This translation published by arrangement with Tundra Books,
a division of Penguin Random House Canada Limited.

中文简体字版专有权属东方出版社
著作权合同登记号　图字：01-2023-4891

不可思议的发明：神奇纸袋
（BUKESIYI DE FAMING：SHENQI ZHIDAI）

作　　者：[加] 莫妮卡·库林　著
　　　　　[英] 大卫·帕金斯　绘
译　　者：简　严
责任编辑：赵　琳
封面设计：智　勇
内文排版：尚春苓
出　　版：东方出版社
发　　行：人民东方出版传媒有限公司
地　　址：北京市东城区朝阳门内大街 166 号
邮　　编：100010
印　　刷：大厂回族自治县德诚印务有限公司
版　　次：2024 年 8 月第 1 版
印　　次：2024 年 8 月第 1 次印刷
开　　本：889 毫米 ×1194 毫米　1/16
印　　张：2
字　　数：23 千字
书　　号：ISBN 978-7-5207-3664-0
定　　价：158.00 元（全 9 册）
发行电话：（010）85924663　85924644　85924641

神奇的纸袋

致威廉姆·卡洛斯·威廉姆斯

从来没有一个纸袋
能自己稳稳地站立
然后等待你来把它装得鼓鼓的
抱着它满载而归

从来没有一个纸袋
无论软硬，什么东西都可以装进去
从罐头、馅饼到纸巾
统统装进同一个棕色的纸袋里

从来没有一个如此神奇的纸袋
直到玛格丽特·奈特发明了纸袋机
它把棕色的纸变成能稳稳站立的纸袋
等待你来把它装得鼓鼓的

麦克斯韦尔先生站在柜台后面，一个个地数着钉子。

他问玛蒂：“你要这些钉子做什么？”

玛蒂答道：“我要给哥哥做个雪橇。”

12 岁的玛格丽特 · 奈特，大家习惯叫她“玛蒂”。

与生活在 1850 年的大多数美国女孩儿不同，玛蒂爱做木工活儿，镇上最棒的风筝和雪橇都是她做的。

麦克斯韦尔先生将一张方形的纸卷成甜筒状，再扭一扭尖尖的底端，然后把钉子放进这个所谓的“纸袋”里递给玛蒂。

“再见啦！”玛蒂挥着手跟他道别。

1" SCREWS
3" NAILS

玛蒂3岁时，父亲就去世了。后来，全家搬到了新罕布什尔州的曼彻斯特。玛蒂的两个哥哥查理和吉姆，都在那里的纺织厂辛苦工作了很长时间。玛蒂12岁时，也去纺织厂干活儿了。

当时，孩子们去工厂干活儿挣钱以补贴家用是很寻常的事。不过，玛蒂干活儿时常常走神：她喜欢盯着巨大的织布机，看一包包棉花是如何一步步被纺成棉线。以至于有时候，纺织厂的老板不得不冲她大声嚷嚷：“赶快回去干活儿，小丫头！”

织布机房要保持湿润，棉线才不易断。但棉线还是会经常断。有一天，一个两端镶钢的梭子松了，“嗖”的一声掠过房间，击伤了一名年轻的女工。

从此以后，玛蒂在脑子里不停地琢磨着这次事故。她心想，一定得找到办法阻止在线断时从轨道上弹飞的梭子。此后几个月，她不停地在自己的“发明”笔记本上画着设计图。

“找到办法了！”有一天玛蒂兴奋地喊道，“我找到办法了！”

当玛蒂把梭子套的草图拿给工厂老板看时，老板简直难以相信自己的眼睛。

他惊呼道："这个主意太棒了！"

自停装置是玛蒂的第一个发明。但是，由于玛蒂年龄太小不能申请专利，这个发明没让她赚到一分钱。

很快，工厂的织布机都装上了玛蒂发明的安全装置，纺织工人干活儿时更安全了，玛蒂心里别提有多自豪了。

没过多久，新罕布什尔州曼彻斯特的人们开始叽叽喳喳地讨论这个女孩发明家。

“你说她多大？”一位顾客问麦克斯韦尔先生。

“12 岁呀。”麦克斯韦尔先生满脸笑容，“而且这个发明从头到尾都是她自己想出来的。”

“我不相信，这不可能！”这位顾客说。

“是真的。”麦克斯韦尔先生说。

“那就不可能是多好的发明。”另一位顾客说，“因为女孩压根儿就不懂机器。”

“女孩压根儿就不需要懂机器。”麦克斯韦尔太太打断他们的谈话，“什么工具呀，机器呀，多危险。头脑清醒的人绝不会让他们的女儿和这些东西打交道！”

1868年，玛格丽特·奈特30岁了。当时与她同龄的大多数女性都已结婚生子。玛格丽特不但没有结婚，还在马萨诸塞州斯普林菲尔德的一家纸袋厂工作。夜晚是她最幸福的时光，因为这个时候她可以构想新机器的设计方案。

玛格丽特最珍爱的财产依然是父亲去世时留给她的工具箱。每当她用父亲的工具干活儿时，她就觉得父亲还在她身边。

有一天工作时，玛格丽特手工制作了一个平底纸袋，突然，她脑子里冒出一个想法：如果机器能做窄底的袋子，那为什么不能做平底的袋子呢？玛格丽特激动万分：她有新的发明要忙活了！

当天晚上，玛格丽特就开始动手设计一台能裁切、折叠和粘贴平底纸袋的机器。

玛格丽特反复修改着这个设计。她制作了数不清的木制模型，但没有一个能让她觉得满意。她为此疲惫不堪，心灰意冷。

一天早晨，工厂老板冲她叫喊：“玛格丽特，你居然在工作时睡着了！”

她没有真正睡着，只是差点儿睡着了。

“我有个想法，它将改变我们制作纸袋的方式。”玛格丽特忍住哈欠对老板说，“假如我的想法能实现，咱们工厂会挣到更多钱。”

“挣更多钱”在老板听来，就像音乐一样美妙。

玛格丽特花了两年时间，终于做出了一台能做平底纸袋的木制模型。她目不转睛地观察着机器先裁切纸，又将裁好的纸粘贴为纸管，再裁掉边角并折叠成方形。成功！一个平底纸袋就做好了！

玛格丽特欣喜若狂，一连做了几百个样品纸袋。不一会儿，她就被一大堆纸袋团团围住，它们个个等着被人来装满。

玛格丽特意识到自己的发明很棒——是时候为它申请专利了。有了专利，别的发明家就不能盗用她的设计并从中赚钱了。但是，要申请专利，她首先需要一台能做平底纸袋的铁制模型，因此她得先找一家机械厂。

玛格丽特跳上开往波士顿的火车，她在波士顿找到了一家机械厂。她把木制模型搁在柜台上，然后把设计图放在模型旁。

玛格丽特说："请按这个设计图给我做个铁制模型。"

机械师问道："您的丈夫为什么不自己把发明拿来呢？"

玛格丽特挺直了身体，说："因为这是我的发明。"

当一切准备就绪，玛格丽特带上铁制模型来到专利局。但等待她的却是令人不悦的意外：一位名叫查尔斯·安南的男子已经注册了同样的发明！他在机械厂看到了玛格丽特的模型，就窃取了她的设计。

查尔斯·安南觉得没有人会相信女人能发明机器，因此他可以放心地说这项发明是他的。但是他不了解玛格丽特·奈特，她绝不会毫无反抗地放弃，她将对方告上了法庭。

审判那天，玛格丽特焦虑不安：要是没有人相信她怎么办？

首先由查尔斯·安南上庭辩论。

“你们听说过女发明家吗？”他问道，“女人根本不懂机器，所以这台性能卓越的机器怎么可能是一个女人发明的呢？”

法庭上确实没有一个人听说过有女发明家。

轮到玛格丽特辩论了。

“两年前我就开始画下自己的想法。”玛格丽特边说边向法庭展示她的笔记本和日记簿，日记开头都记有日期。“测算纸袋精准的折叠数据耗费了我很多时间，”她解释道，“然后我还需要做一台能按构想工作的木制模型。”

显然，对自己两年来的所思所想，玛格丽特·奈特讲得一清二楚。

最后，法官宣判了结果：“平底纸袋机的专利属于玛格丽特·奈特。这项发明是个不折不扣的天才创意。”

玛格丽特赢了这场官司！1870 年，她终于成功申请了自己的第一项发明专利。

各地的商店很快都用上了玛格丽特·奈特的平底纸袋，用它为顾客包装商品。

一天，玛格丽特去看望母亲，她来到麦克斯韦尔五金店，这里仍旧是她最喜爱的商店。

玛格丽特说："我需要2盒钉子、4根管子、2团电线和1把新锤子。"

"没问题，玛格丽特！"麦克斯韦尔先生说。

他把玛格丽特需要的所有东西装进一个结实的平底纸袋，问道："你现在又要发明什么？"

玛格丽特·奈特笑而不答。

进一步了解玛格丽特

玛格丽特·奈特终生未婚，也没有孩子。她一生都在从事自己钟爱的发明事业。在19世纪，做女发明家是一件很艰难的事情，但坚定的玛格丽特坚信自己的能力。她说："我对自己所做到的并不意外，只是遗憾不能拥有像男人那样好的机会，从而让我的发明事业更加顺畅。"

玛格丽特一生的成就惊人。她创建了东方纸袋公司，取得了多项发明成果，其中包括旋转引擎、鞋底裁切机和编号机。当1914年玛格丽特去世时，她名下有90项发明和20多项专利。